KB262701

살아 숨 쉬는
전통가옥

하 랑
도서출판

살아 숨 쉬는 전통가옥

발행일 : 2025년 08월 18일
출판사 : 하랑출판
주   소 : 서울시 중구 퇴계로28길 8
전   화 : 02-2263-3337

□ 목   차 □

- **안동**
  하회마을

안 동 하 회 마 을 —— 8
양 진 당 —— 10
충 효 당 —— 14
북 촌 택 —— 22
남 촌 택 —— 38
주 일 제 —— 40
원 지 정 사 —— 42
빈 연 정 사 —— 46
옥 연 정 사 —— 50
염 암 정 사 —— 54
유 시 국 가 옥 —— 58
유 진 하 가 옥 —— 60
유 시 주 가 옥 —— 64

- **승주**
  낙안성 마을

승 주 낙 안 성 마 을 —— 70
낙 안 성 남 문 과 성 안 전 경 —— 72
남 문 과 민 가 전 경 —— 74
성 내 마 을 에 서 본 남 문 —— 76
박 의 준 가 옥 —— 78
이 한 호 가 옥 —— 80
김 대 자 가 옥 —— 82
김 석 영 가 옥 —— 92
최 대 용 가 옥 —— 96
최 선 준 가 옥 —— 98
곽 형 두 가 옥 —— 104
성 내 의 동 남 쪽 마 을 전 경 —— 108
장 종 철 가 옥 —— 110
박 봉 열 가 옥 —— 116
강 현 세 가 옥 —— 120
낙 안 읍 성 객 사 —— 126
낙 안 동 헌 —— 130
낙 안 읍 성 —— 134
임 경 업 장 군 비 각 —— 145
닉 안 읍 성 —— 146

■ 월성
양동마을

월 성 양 동 마 을 —— 158

손 동 만 가 옥 —— 160

낙   선   당 —— 166

무   첨   당 —— 174

민 가

안동 하회 마을

안동 하회(安東 河回)마을

경북 안동군 풍천면 화회동
중요민속자료 제 122호. 고려말~조선시대

Hahoe Mauel, Viliage. Andong

Important Folklore Malerial No. 122

The late part of Koryeo period ~Chosun Period

하회마을은 하회별신굿탈놀이로 유명한 우리나라 최고의 반촌인 풍산류씨 동족마을로서 마을을 낙동강의 줄기가 S자모양으로 회유하는 독특한 지리적 형상과 수려한 자연경관으로도 유명하다. 또한 하회는 일반적인 반촌이 유교적인 전통만을 강조함으로서 전승되어 오던 동제, 별신굿, 가신신앙등의 민속전통을 유교적인 이념과 대립된 것으로 부정하고 타파해 온 것과 달리 유가적 전통을 잘 유지하면서도 토착적 민속전통도 훼손하지 않고 전승해 온 대표적인 마을이다.

하회는 풍수지리학적으로 연꽃이 물위에 뜬 모양과 같다고 하여 연화부수형(蓮花浮水形) 또는 산태극, 수태극을 이루는 '태극형'의 형국을 이루고 있으며 또는 배떠나는 형국이라 하여 '행주형(行舟形)'이라 하기도 하고 다리미형국이라고도 한다. 마을 입지는 마을과 강사이가 아닌 산과 마을사이에 농경지가 있어 마을은 삿갓이나 대접을 엎어놓은 것처럼 가운데가 봉긋하게 솟아있고 바깥쪽으로 갈수록 점점 낮아진 형상에 강줄기의 흐름에 따라 둥글게 분포하여 집의 분포가 대충 원형을 이루고 있다. 마을길도 삼신당을 중심으로 방사선으로 뻗어 있다. 이는 집의 방향과 마을 터의 형국에 따라 자연스럽게 형성된 것으로 어느 집이든 뒤쪽은 산의 지맥에 닿아 있고 앞쪽으로는 멀리 산과 강을 바라보는 좋은 경관을 갖게된다. 하회마을은 류(柳)씨의 집성촌으로 마을의 형성과 보존이라는 측면뿐아니라 마을의 집들이 각각 특색을 지니고 있다는 점에서 중요하다.

사랑채에서 본 대문간채
Main Enterance house from the view of Men's part

양진당의 솟을대문
The Main gate of Yangjindang House

양진당(養眞堂)

경북 안동시 풍천면 하회리 729-4
보물 제306호, 조선중기(1600년대)
Yangjin-dang House

Treasure No. 306 , The middle part of Chosun
Period(Around 1600s A.D.)

　양진당은 입향시조인 전서공이 처음 자리를 잡은 곳
이며 처음 지은 건물이었던 사랑채가 남아있는 유서
깊은 주택으로 북촌대과 함께 북촌을 대표하는 하회에
서 보기 드문 정남향 집이다. 문경공 겸암 류운룡 선생
의 종택으로 풍산 류씨 큰 종가이다. 이 주택은 ㅁ자형
의 안채북측으로 ㅡ자형 사랑채가 붙고 동측으로 ㅡ자
형 행랑이 붙어 있으며 사당채가 마당 건너 북쪽에 별
채로 건축되었다. 행랑채는 집 밖에서 볼 때 담장따라
길게 이어진 부분으로 대문채와 안채와 연결되는 ㅁ자
의 아래 가로획을 이루는 채이다. 사랑채는 사랑마당
의 북측에 남향한 정면 5칸, 측면 2칸규모이고 왼편의
1칸은 안채와 연결되어 정면에서는 보이지 않는다. 막
돌바른층쌓기로 쌓은 높은 기단위에 두리기둥을 세운
겹처마에 팔작지붕 집으로 주위에 쪽마루를 두르고 계
자각난간을 설치하였다. 사랑채 전면에는 겸암선생의
부친인 입암 류중영 선생의 호를 딴 '입암고택(立巖古
宅)'이라는 당호가 걸려있고 대청에는 이 집의 당호
(堂號)와 같은 '양진당'이란 현판이 걸려있는데 이는
현판을 건 겸암의 6대손인 류영(柳泳)의 호이다. 안채
는 서쪽에 커다란 부엌을 두고 그 오른편으로 정면 3칸
측면 1칸 반의 안방과 그 옆으로 정면 ,측면 각 2칸의
대청을 두었고 안방 전후면에 반칸폭의 퇴를 달았다.
막돌허튼층쌓기 기단위에 사각기둥을 세우고 전면에
만 네모기둥를 세웠다. 지붕은 홑처마로 합각을 형성
하나 행랑채와 한 지붕으로 연속되어 순수한 팔작지붕
과 다르다. 사당채는 2채로 정면 3칸, 측면 2칸이 되
는 큰 사당과 정면 2칸, 측면 1칸의 작은 사당이 사랑
채 뒷편에 있다. 장대석 기단에 막돌초석을 놓고 사각
기둥을 세웠으며 처마는 홑처마이고 맞배지붕이다.

사랑마당
The court of Men's part

사랑채 전경
The view of Men's part

사랑채 근경
The view of Men's part

◀ 충효당 (忠孝堂)
경북 안동시 풍천면 하회리 656
보물 제 414호, 조선중기
Ch'unghyo-dang House
Treasure No.414. The middle part of Chosun
Period

남촌댁과 함께 남촌을 대표하는 또 하나의 주택으로
ㅡ자형의 행랑채, ㅁ자형의 안채에 ㅡ자형 사랑채가 붙
어있는 P자형의 몸채, 그리고 사당채로 구성된 집이
다. 행랑채는 솟을대문을 사랑채와 같은 중심선상에
두고 대문 오른쪽으로 방 3칸, 왼쪽으로 외양간과 광으
로 이루어졌다. 사랑채는 정면 6칸, 측면 2칸으로 중앙
에 대청, 왼쪽에 사랑방과 침방, 오른쪽에 작은 대청과
건넌방이 있다. 5량구조에 홑처마, 팔작지붕이고 전면
과 측면에 계자각난간을 설치하였다. 안채는 왼쪽 끝
에 부엌을 두고 정면 3칸, 측면 1칸반의 넓은 안방과 4
칸의 대청이 있다. 안채 또한 홑처마이나 맞배지붕에
합각마루를 이루고 있다.

방 전면에 띠살창호, 측면과 후면에 판장문, 건너방
에 난간을 설치하였다. 사당채는 몸채와 달리 남향배
치로 정면 3칸, 측면 2칸 건물로 삼문이 세워져 있다.
임진왜란때 영의정을 지냈던 서애 류성룡 선생의 종택
으로 서애 선생의 장자가 창건하였고 이후 병조판서를
지낸 증손인 눌재 류의하(柳宜河)공이 확장 증수하였
다. 행랑채는 선생의 8대손 일우 류상조(柳相祚)공이
병조판서를 제수받고 군사들을 맞이하기위해 급히 지
은 건물이라고 전한다.

사랑채 전경
Panoramic view of Men's part

사랑채 정면
The front view of Men's part

사랑채에서 안채로 들어가는 중문
Inner gate from Men′s part to Women′s part

안채 전경
Panoramic view of Women′s part

막돌과 기와편으로 문양을 넣은 문간채와 토담
Side view of Enterance gate house and mud-wall

숫을대문
Tall gate of front view

북촌댁 (北村宅)

경상북도 안동군 예천면 하회동 706
중요민속자료 84호. 조선말기(1862년)

Bukch' ontaek House

Important Folklore Material No. 84. The late part of Chosun Period(1862 A.D.)

북촌의 중심에 위치한 북촌댁은 양진당(養眞堂)과 함께 북촌의 2대가로 불리는 집으로 경상도 도사를 지낸 류도성(柳道性)공이 철종 13년에 건립하였다. 유난히 높고 긴 담장으로 둘러싸인 넓은 터에 내·외별당까지 갖춘 큰 집이다. 대문을 들어서면 사랑마당이 있고 전면에 안채와 사랑채가 한 채로 연결된 ㅁ자형의 몸채가 있고 이 마당의 오른쪽으로 ―자형의 별당채가 있다. 별당채는 몸채와 평행으로 두지 않고 비스듬이 대문을 향하도록 하여 배치상에 변화를 둠과 동시에 시계의 확대를 꾀하고 있다. 중문을 중심으로 왼쪽에는 전면에 반칸통의 퇴를 둔 방 1칸, 대청 1칸이 있고 오른쪽으로 사랑방 2칸, 대청 1칸과 방 1칸이 ㄱ자로 이어져있다. 높은 장대석 기단위에 세워진 안채는 기

등도 크고 높아 지붕이 매우 높다. 부엌이 사랑대청에 대각선상으로 가장 안쪽에 위치하고 오른쪽으로 안방 4칸, 대청 4칸, 건너방 2칸이 일렬로 늘어서 있고 전면에 반칸통의 퇴가 있다. 이 때 안방은 전자(田字)구조로 4분된 4칸방으로 함경도 지방의 형식을 따른다. 별당채 머리에는 안채와의 사이에 담장을 두고 안채로 출입하는 일각문을 설치하였다. 일각문을 지나면 뒤쪽으로 사당이 자리한다. 안채와 사랑채 그리고 별당채는 모두 홑처마와 한식팔작지붕이며 사당은 홑처마에 맞배지붕을 하고 있다. 안방과 사랑방의 창호는 띠살무늬이고 사랑대청에는 띠살무늬 들어열개분합을 달았다.

대문에서 본 사랑채 정면
The front of Men' s Part from the view of Enterance gate

　중문의 왼쪽이 작은 사랑인 남쪽사랑이고 오른쪽이
큰사랑이다.

사랑채
Men's Part

별당채에서 본 사랑채측면
The side of Men's part from the view of detached house

사랑채 전경
Panoramic view of Men's part

안대청에서 본 중정
The courtyard from the view of Main floor of Women′s part

안채
Women's part

안대청 전면의 크고 높은 두리기둥으로 2층으로 보
인다. 건너방앞에는 난간을 둘렀다.

사랑마당에서 본 별당채
Detached house from the view of Garden of Men's part

별당채
Detached house

안채의 후면
The rear view of Women's Part

외별당터에서 본 안채
Women's Part from the view of Outer Detached House site

사당마당 전정
Front court of shrine

별당채 머리의 일각문을 들어서면 사당마당이고 그 안쪽으로 별곽을 두른 사당채가 있다. 안채의 높은 지붕을 가늠케하는 높고 큰 합각부분에는 기와편을 사용하여 장식하였다.

사당채
The shrine

사당채에 3문을 둘 수 있는 것은 삼정승 육판서와
같은 인물을 모신 공경대부(公卿大夫)의 집이 아니면
세우지 못한다.

▶ 바깥마당과 사당마당을 잇는 일각문
Gate with two post and roof between outer garden and shrine

◀ 별곽으로 토담을 두른 사당채
shrine with mud-wall

남촌댁(南村宅)

경상북도 안동군 예천면 하회동 624
중요민속자료 90호. 조선시대(1797년)

Namch'ontaek House

Important Folklorelore Material No. 90

Chosun Period(1797 A.D.)

　　충효당과 함께 남촌을 대표하는 주택으로 남촌의 중심부에 있다. 정조 1년(1797)에 형조좌랑 류기영(柳驥榮) 공이 건립하였다. 본래 대문간채, 몸채, 별당, 사당이 있는 전형적인 양반주택이었으나 1953년경 화재로 몸채가 소실되어 현재는 별당채가 주생활공간으로 쓰여지고 있고 대문채와 사당채가 있다. 별당채는 북촌댁과는 달리 몸채 마당에서 멀리 떨어져 있어 후원별당의 정취를 지닌다고 할 수 있다. 몸채는 안채와 사랑채의 구들연기를 하나의 큰 굴뚝으로 뽑아낼 정도로 잘 지어졌던 건물로 전해진다. 대문간채는 一자 7칸중 중앙의 1칸이 솟을대문이고 양쪽의 6칸은 모두 고방이

다. 별당채는 정면 4칸, 측면 1칸의 一자형 평면으로 사당채와 직각으로 가로놓인 남향집으로 홑처마에 팔작지붕이다. 현재 남단 1칸이 부엌이고 가운데 2칸이 온돌, 북쪽 1칸은 대청인데 본래는 부엌이 없이 커다란 대청이 있는 접객전용공간이었으나 생활공간으로 사용하기위해 개조된 것이다. 부엌 천장에는 안방다락을 두었고 온돌방에는 대청쪽으로 사분합들문을 두어 공간확대가 가능하도록 하였고 대청에는 후면과 북면에 세 살분합문과 판문을 달아 추위에 대비하였다. 사당은 정면 3칸, 측면 1칸의 맞배집이고 퇴는 없으며 우물마루로 되어있다.

대문채
Enterance house

▶사랑채 전경
View of men's quarters

측면 전경
side view

주일재(主一齋)

경상북도 안동시 풍천면 하회리 655
중요민속자료 91호. 조선중기

ChuilJae house

Important Folklore Material No. 91

The middle part of Chosun Period

　남촌 충효당 오른편에 자리잡은 남향집인 주일재는 서애 선생의 증손인 류만하(柳萬河)공이 충효당에서 분가하면서 지은 집으로 그의 아들 주일재 류후장(柳後章)공이 증축하였다. 사랑채,안채, 사당이 독립된 채로 건축되어 대가다운 면모를 갖추고 있다. 전면에 긴 담장을 치고 중앙을 터서 출입구로 삼았고 그 안 넓은 마당에 가운데에 사랑채를 배치하였다. 사랑채 뒤로는 안마당과 안채가 사랑채와 같은 남향으로 자리잡고 있고, 안마당 서쪽으로 광채, 동쪽으로 일각문과 담장이 이어져서 전체적으로 ㅁ자형배치를 이루고 있다. 떨어져 있는 건물들을 일각문과 담장을 이용하여 ㅁ자형으로 연결시킨 점과, 광채에 외부담을 연결하여 안채의 뒷마당을 이중으로 차단한 점등은 이 집의 배치상 특징이 된다. 사랑채는 一자형 평면에 정면 4칸, 측면 1칸으로 사랑방과 대청을 각각 같은 크기로 배치하였다. 대청 후면과 측면에는 판장문을 달았고 방 앞에 퇴를 두었다. 사랑채 사이에는 중문을 두어 아랫채와 연결하고 있다. 중문을 지나서 위치한 안채는 정면 6칸, 측면 2칸의 一자집이고 부엌과 안방, 대청, 건넌방의 순으로 배열되었고 이 중 건넌방은 상하로 나뉘어져 있어 상하공간개념을 나타낸다고 하겠다. 사랑채는 홑처마에 한식기와 맞배지붕, 안채는 홑처마에 팔작지붕을 하고있고 사당은 사방 1칸의 굴도리집으로 맞배지붕에 부연이 없다.

연좌루
Yeoncharu Pavilion

원지정사(遠志精舍)

경상북도 안동시 풍천면 하회리 712-1
중요민속자료 85호, 조선중기(1573년)
Weonchijeongsa Private school
Important Folklore Material No. 85
The middle part of Chosun Period(1573 A.D.)

　원지정사는 서애 류성룡 선생이 선조 6년(1573)에 부친상을 당해 고향에 돌아와 지은 곳이며 선생이 병환이 들었을 때 쾌유한 곳이라고 한다. 북촌의 북쪽에 강을 향해 자리잡은 정사와 누정의 2동의 건물로 강가의 소나무숲과 강 건너편의 부용대와 옥연정사일대를 바라볼 수 있는 곳이다. 정사는 정면 3칸, 측면 1반칸의 홑처마 맞배집으로 합각에서 풍판을 달았다. 동쪽이 1칸 마루인데 전면에 사분합들문과 후면에 쌍여닫이 판문을 달아 겨울의 강바람에 대비하였고, 남쪽은 2칸의 온돌방을 전퇴를 두었으며 모두 두리기둥을 사용했다. 연좌루(燕坐樓)라는 이름을 가진 누정은 정면, 측면 2칸의 규모이고, 장대석기단에 막돌초석을 얹고 1층에는 다각형 기둥을 세웠고 2층에는 두리기둥를 사용하였다.

　천장은 연등천장이나 일부 우물천장을 설치하였고 홑처마에 한식기와 팔작지붕이다. 창호를 설치하지 않아 사방이 개방되어 있다.

원지정사의 천장세부
Ceiling Details of Weonchijeongsa

원지정사의 막돌초석 위에 세운 두리기둥
Round column on cornerstone of Weonchijeongsa

연좌루의 처마와 주두
The eaves and column top ornarmentations of Yeoncharu Pavilion

연좌루 처마와 주두 상세
Details of eaves and column top ornarmentations of Yeonchoaru Pavilion

빈연정사(賓淵精舍)
경북 안동군 풍천면 하회리 727
중요민속자료 86호, 조선중기(1583년)

Pinyeonjeongsa

Important Folklore Material No.86

The middle part of Chosun Period(1583A.D.)

이 정자는 퇴계 선생의 제자로 원주목사를 지냈던 겸암 류운룡 선생이 선조 16년(1583)에 건립하여 서재로 사용하던 곳이다. 북촌의 서북에 위치하는 빈연정사는 원지정사와 약간의 거리를 두고 동서로 떨어져 있어 강줄기와 겸암정과 부용대를 바라볼 수 있는 주변경치와 조경이 뛰어난 정자이다. 부용대 절벽아래의 심연을 '빈연' 이라 부르는데서 이름지었다고 한다. 정자는 정면 3칸 측면 2칸의 겹집으로 홑처마에 팔작지붕을 앉혔다.

기단위에 막돌초석으로 놓고 네모기둥를 세워 납도리를 받치고 있으며 대청 정면의 기둥은 두리기둥을 사용하였다. 왼쪽으로 1칸은 방이고 나머지는 정방형의 4칸 대청이다. 방과 대청사이에 4짝 들어열개분합을 설치하였고, 대청의 측면과 후면은 판장벽에 골판문을 달았다.

대청에서 본 대문
Gate from the view of main floor

뒤뜰에서 본 정사
The rear view from the back garden

대청내부
Inside of Main floor

중문에서 본 대문
Enterance Gate from the view of inner gate

옥연정사(玉淵精舍)
경상북도 안동시 풍천면 광덕리 37
중요민속자료 제 88호. 조선시대(1586년)
Okyeonjeongsa. Private school
Important Folklore Material No.88
The middle part of Chosun Period(1586 A.D.)

옥연정사는 서애 류성룡이 선조 19년(1586)에 세운 학문을 연구하고 제자를 양성하였으며『징비록』을 저술하며 말년을 보낸 곳이다. 탄홍이라는 스님의 시주로 완공되었다고 전한다. 마을과 떨어져 북쪽에 있는 부용대의 동쪽 아래에 위치하여 정사다운 지형적 요건을 갖추었고, 규모에 있어서는 원지정사나 빈연정사보다 훨씬 크다.

이 주택의 평면배치는 일반주택과 달리 문간채, 안채, 별당채, 사랑채의 순으로 이루어졌는데 이는 대문은 광덕으로 통하고 사랑채쪽으로 작은 문은 하회로 통하므로 배치당시 이를 고려한 것으로 보인다. 안채는 一자형평면 중앙에 부엌칸을 두고 좌우로 방을 두는 특이한 공간배치를 하였는데 이는 이 지역 민가의

한 기본형인 도토마리집과 규모를 같이 한 것으로 반가에서 보기 드문 경우이다. 부엌의 북쪽방은 동서향의 2칸크기로 전후에 반칸폭의 퇴를 달았고, 남쪽방은 같은 2칸이나 남향을 높이고 전면에만 퇴를 두었다.

홑처마에 팔작지붕으로 일반적인 구조를 보이며 부엌에는 판장문을, 방에는 띠살창호를 달았다. 사랑채는 안채의 서쪽에 정면 4칸, 측면 1칸 반으로, 중앙에 4칸 크기의 대청을 두고 좌우에 2칸크기의 방을 두고 전면에 반칸폭의 퇴를 달았다. 별당은 정면 3칸, 측면 2칸의 규모로 서쪽에 방, 동쪽에 대청을 두었다. 사랑채와 별당채 역시 홑처마에 한식기와 팔작지붕집이고 사랑대청 전면에는 들어열개 분합을 설치하였다. 문간채는 一자형 평면으로 안채의 동쪽에 위치한다.

안채에서 본 사랑채와 별당채
Men's part and Detached house from the view of Women's part

사랑채 측면 세부
The details of side view of Men's part

사랑채 전경
The view of Men' s part

겸암정사(謙菴精舍)

중요민속자료 89호. 조선중기(1567년)
경상북도 안동시 풍천면 광덕리 37

Kyeomamjeongsa Private school

Important Folklore Material No. 89

The middle part of Chosun Period (1567A.D.)

　겸암정사는 명종 22년(1567)에 겸암 류운룡 선생이 학문연구와 후진양성을 목적으로 세운 것으로 부용대의 서쪽 높은 절벽위 외진 곳에 남향으로 세워진 집이다. 사랑채를 전면 남쪽에 안채를 북쪽 배치하였다.

　사랑채는 一자형 평면으로 정면 4칸, 측면 2칸으로 중앙에 4칸크기의 대청을 두고 좌우로 방을 배치하고 전면에 좁은 퇴를 두었다. '겸암정'의 현판은 선생의 스승인 퇴계 선생이 쓴 것이다. 중층누각식의 누마루를 둔 5량집으로 높은 기단위에 막돌초석을 놓고 전면에 두리기둥를 세웠다. 대청에는 계자각난간을 둘렀고 홑처마에 팔작지붕을 하고 있다. 안채는 ㄱ자평면으로 부엌 2칸, 안방 3칸, 대청 4칸, 건넌방 2칸이 남향하여 일렬로 늘어서 있고 건넌방 앞으로 1칸반 크기의 방과 1칸의 마루가 달려있다. 서쪽에는 커다란 광이 한 채 있다.

정사 대청에서 보이는 하회마을 전경
The village from the view of main floor

뒷 절벽에서 내려 본 전경 ▲
Panoramic View

측면 전경
Side view

입구에서 본 안채의 측면
Side view of Women's part from the view of enterance

류시국 가옥(柳時局 家屋)
경북 안동군 풍천면 하회리 609
Ru Si Kuk House

　남촌의 동남쪽에 위치한 이 집은 안채, 문간채, 광채, 외양간, 측간의 5채가 거의 ㅁ자형 평면을 이루고 있다. 문간채는 一자형으로 대문 오른쪽에 전퇴가 있는 2칸 사랑방을 두고 1칸 대청을 두었다. 대문 왼쪽에는 광 1칸과 방 1칸을 두었고, 안방의 왼쪽으로 외양간채, 오른쪽에 광채가 있다. 안채는 一자형으로 왼쪽에 부엌, 그 옆에 안방, 대청, 건너방의 순으로 배열되었다.

　문간채, 안채, 광채 모두 막돌초석에 네모기둥를 세웠고 홑처마에 한식기와 팔작지붕을 이루고 있다. 외양간채는 초가집구조로 되어있다.

대문정면
Front of Gate

안채에서 본 대문간
Gate from the view of Women′s part

류서하 가옥

경상북도 안동군 예천면 하회동 739번지
Ryu Seo Ha House

남촌의 중심에서 북쪽으로 남촌과 북촌을 가르는 길 가에 위치하는 이 주택은 문간채가 독립되어 있고 사랑채와 광채가 ㄷ자형 안채전면에 배치되어 있다. 문간채는 왼쪽 끝에 대문을 두고 광 2칸과 헛간 1칸, 측간을 일렬로 늘어놓은 一자형 평면의 우진각지붕집이다. 대문을 들어서면 사랑채와 광채가 중문을 중앙에 두고 일렬로 늘어서 一자형 평면을 이루고 있다. 중문 오른쪽의 사랑채는 막돌허튼층쌓기의 높은 기단위에 막돌초석을 놓아 네모기둥를 세운 홑처마에 팔작지붕이며 중문간쪽은 맞배지붕으로 되어 있다. 정면 3칸에

측면 2칸 규모로 2칸 방을 뒤쪽으로 배치하고 방 전면으로 툇마루라고 할 수 없는 한칸폭 마루를 두고 그 옆으로 대청 2칸을 두었다. 광채는 중문의 왼쪽에 1칸크기의 광 3개로 구성된다. 안채는 ㄷ자평면으로 왼쪽에 2칸 부엌을 두고 그 뒤로 2칸 안방을 일렬로 놓고 안방에서 꺾이여 대청과 건너방을 일렬로 배치하였다.

건너방앞으로 1칸 마루와 1칸 방을 연결하였으며 그 앞 1칸은 함실부엌과 문을 두어 사랑채와 연결하였다. 안채역시 사랑채와 같은 구조이며 홑처마에 맞배지붕으로 처리하였는데 합각이 형성되었다.

입구에서 본 전면
The front view from the enterance

사랑대청
The main floor of Men's Part

류시주 가옥(柳時柱 家屋)

경상북도 안동군 예천면 하회동 671-1
중요민속자료 제 87호. 조선중기
Ru Si Ju House

Important Folklore Material NO. 87
The middle part of Chosun period

북촌의 서쪽 끝의 강변가까이에 위치하는 이 가옥은 건립연대는 알 수 없으나 건축수법과 양식으로 조선중기에 건립된 것으로 추정되며 작천 류도관(柳道觀)공이 이 집에서 살았었기 때문에 작천고택(鵲泉古宅)이라고도 부른다 원래 2동으로 구성되었으나 1934년 대홍수로 사랑채가 유실되고 一자형 안채만 남아 있다. 안채는 정면 5칸, 측면 1칸반의 네모기둥을 세운 홑처마 맞배지붕집으로 一자 5칸의 중심칸은 대청이고 왼쪽으로는 안방과 부엌이 오른쪽으로는 건너방과 사랑방이 대칭된다. 전후면 모두 필요에 따라 고저를 두어 막돌쌓기한 석축을 돌렸는데 전면의 석축은 왼쪽 끝의 부엌에서 오른쪽 끝의 사랑방에 이르면서 점차 높아져 있다. 안채공간과 사랑방을 구별짓기위해 차면 담벽을 두었다. 이 점은 사랑방을 따로 두게 되는 내외사상의 표현이며 소규모의 一자집에서 최소한의 설비로 그러한 문제를 해결한 지혜로운 해결안이라 할 수 있다.

안채 정면
The front view of main building

장독대와 굴뚝
Terrace of soybean sauce crocks and chimney

기와를 씌운 담장
Fence with a tiled roof

굴뚝세부
Details of chimney

승주 낙안성 마을

승주 낙안성(昇州 樂安城)마을

전남 승주군 낙안면 낙안리
사적 제302호. 조선시대
Nag-anseong Maeul, village, Seungchu
Important Folklore Material No.302.Chosun Period

　낙안성 마을는 북쪽의 금천산을 진산으로 삼고 동쪽으로 좌청룡인 오봉산, 서쪽으로 우백호인 백이산으로 둘러싸여 있다. 성남쪽에는 넓은 들판이 펼쳐지고 들판 한가운데 안산인 옥산이 있다. 하천은 금천산 동남에서 흘러 들어오는 동내와 서남에서 흘러 나오는 서내가 있는데 모두 성곽의 바깥동면을 따라 흘러 옥산앞을 지나고 들판을 지나 바다로 이어진다. 지세의 형국은 옥녀산발형(玉女散發形)으로 넓은 들을 산들이 여러겹 둘러싸고 있어 상당한 폐쇄감을 준다. 성곽의 서쪽밖으로 대다수의 노거수가 분포하고 있다. 성 내외에는 작은 규모의 초가집들이 다수 있으며 관아건물이외에는 3～4칸 정도이며 5칸을 벗어나는 경우가 드물다. 특히 기와집은 판아를 제외하고는 단 한채도 없고 구조체 역시 빈약하나 서까래 하나를 규제함으로써 공간의 엄격한 위계질서가 마을의 공간계획에 반영되어 서까래 굵기가 가는 것이 다른 지역에 민가에 비해 크게 대비된다. 조선후기에 이르러서는 상권이 수운이 편리한 곳을 따라 번창했으므로 산속에 싸여있는 낙안읍성은 점차로 전래적 농업에만 의존하는 가난한 고을로 전락해 왔다.

낙안성 남문과 성안 전경
South gate and overall view of castle village

남문과 민가 전경
View of south gate and houses

성내마을에서 본 남문
South gate from the view of inner village

안채 전경
The view of main building

집 뒤안의 장독대
Terrace of soybean sauce crocks in backyard

◀ 박의준 가옥(朴義俊 家屋)
전라남도 승주군 낙안면 동내리 367
중요민속자료 제 92호. 조선시대(19세기 중엽)
Park Eui Jun House
Important Folklore Material No.92.Chosun
period(The middle part of 19th century)

　一자형의 안채와 아랫채가 독립채 건물로서 수직으
로 배치한 집이다. 안채는 왼쪽부터 부엌, 안방, 안마
루, 건너방으로 각 1칸으로 방 문 앞에 둔 툇마루로 구
성되었다. 부엌엔 널문을 달았고, 방과 마루에는 분합
을 달았고 건너방에는 외짝을 달았다. 이 집은 이 마
을에서는 보기 드물에 높은 댓돌에 산돌로 주초하였
다. 방과 마루의 기둥간격은 여덟자 다섯치라는 조선
시대의 기준에 적합한데 반해 부엌의 경우는 열한자나
되도록 넓게 잡은 점이 특이하다.

이한호가옥 (李漢皓 家屋)

전남 승주군 낙안면 남내리 73
중요민속자료 제 94호. 조선시대(19세기 중엽)

Lee Han Ho House

Important Folklore Material No.94
Chosun period(the middle part of 19th century)

봉당집의 초기 원형을 보이는 집이다. 죽담을 상당히 높고 반듯하게 쌓아 집터 전체를 둘렀다. 남동쪽 끝의 부엌에 이어 전퇴가 있는 큰방과 작은방, 헛간이 1칸씩 이어지는 一자형 평면이다. 부엌벽의 2면을 맞담으로 쌓고 전면은 완전히 개방한 독특한 형태를 나타낸다. 방 앞의 툇마루의 기둥은 평주와 고주를 연계시켜 우미량처럼 휘어오른 나무를 골라다 사용하였는데 이러한 재목의 사용은 낙안성내 집들 대부분에서 보여지는 지역적 특색이라 할 수 있다. 천연 그대로의 재목을 필요한 곳에 적절하게 사용한 지혜의 결과라 하겠다. 평주의 도리는 납도리형으로 운두가 낮고 폭이 넓은 부재로 보머리에서 좌우의 도리가 이음되고 있다. 이러한 우미량과 도리의 이음을 학술적인 가치로 평가하기도 한다.

고샅과 가옥의 사립문 ◀
The narrow alley formed by stone and a brushwood gate

맞담으로 쌓은 부엌벽 ▶
The outer stone-wall of kitchen

◀ 김대자 가옥(金大子 家屋)

전라남도 승주군 낙안면 서내리 78-1
중요민속자료 제 95호. 조선시대(19세기 초)
Kim Dae Ja House

Important Folklore Material No. 95
Chosun period(the early part of 19th century)

낙안성내 낙민루에서 서문으로 나가는 대로변에 있
는 남향집이다. 반듯하고 넓은 대지에 안채와 부속사,
그리고 채마밭이 있다. 집터 주위에는 돌각담이 있고
돌각담과 부엌이 맞닿는 부근쯤에 장독대가 있어 이
집만의 독특함을 이룬다. 안채의 왼쪽끝이 부엌, 그 옆
으로 안방, 마루, 작은방, 헛간이 이어져있다. 부엌에
는 전면벽 위부분에 봉창이 열려있고 부엌과 안방사이
에는 토벽으로 친 간벽이 있는데 벽의 중간쯤에 조왕
신을 모신 자리와 광솔불을 커던 선반자리가 있다. 그
아래에 부뚜막이 있고 전면벽 가까이로 물독이 매설되
어있다. 천장은 삿갓천장으로 구조물이 드러나 있는
데, 측벽도리부터 중간쯤으로 가로지르는 뜬도리 사이
에 평천장의 일종인 부채살모양 구조가 보여 특수한
구조를 보인다. 안방에는 전퇴쪽 벽으로 눈높의 창문
이 있다. 채광과 함께 통풍효과 및 조망도 가능하다.

안채
The main building

작은 방 전면의 잿간
Storehouse for ash in front of secondary room

광창이 있는 부엌전면
The front of kitchen with kwangchang(window)

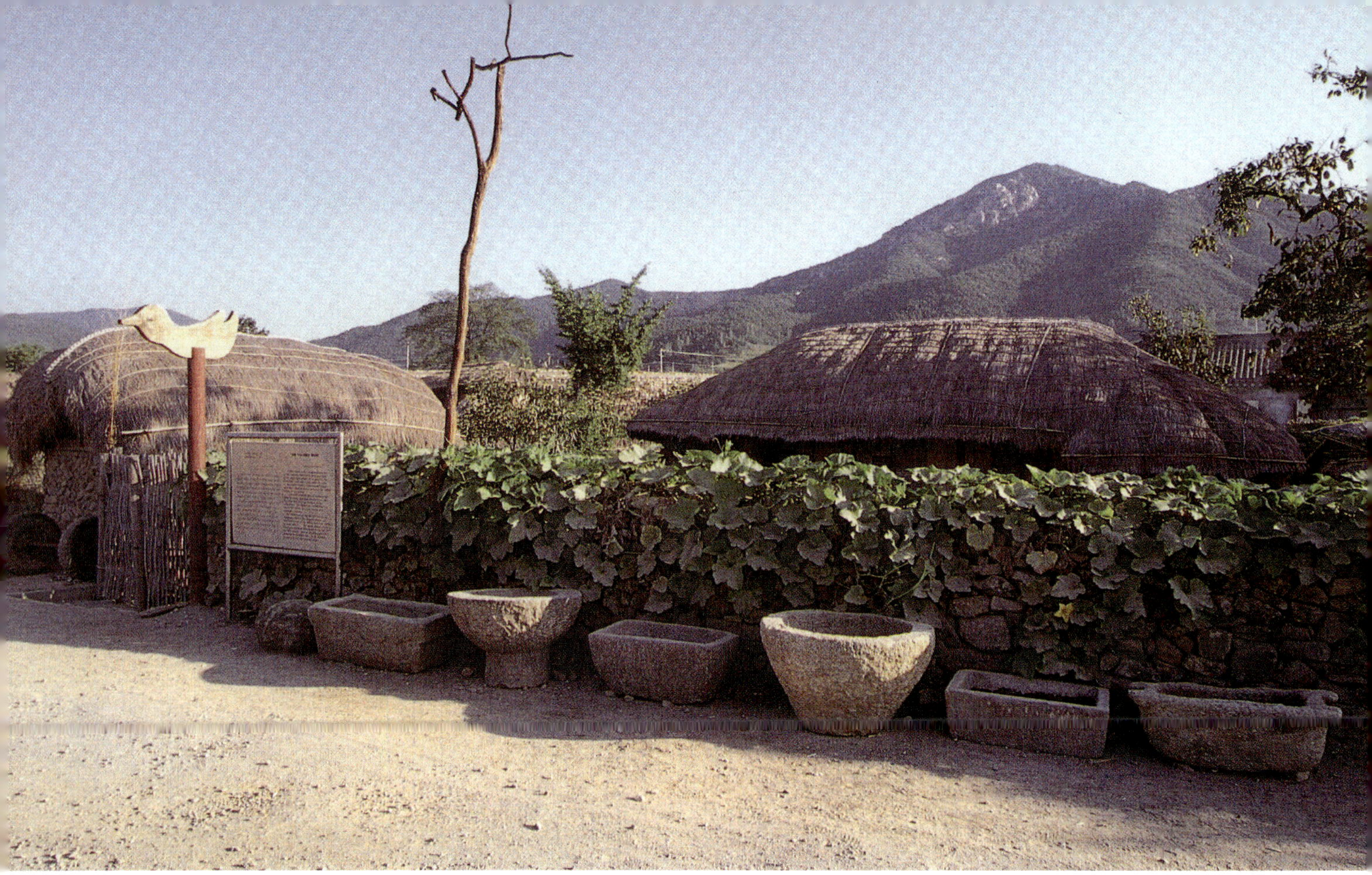

대문밖에서 본 전경
The view of outside

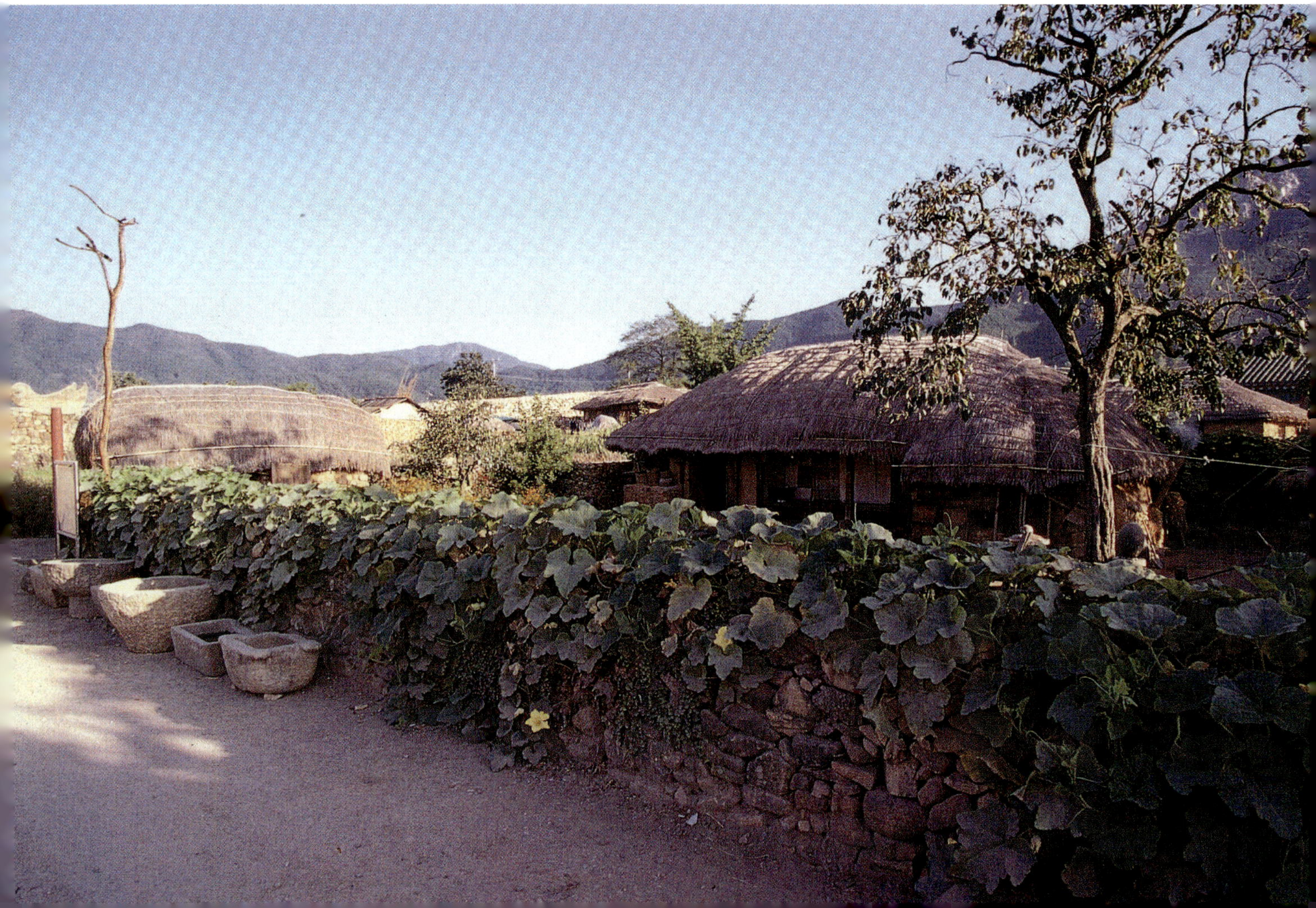

부엌측 돌담
Stone fence of kitchen side

입구에서 본 안채 정면
The front view of main building

잿간내부
Inside of storehouse for ash

김석영 가옥
전라남도 승주군 낙안면 서내리 79
중요민속자료 제 96호. 조선시대(19세기 초엽)

Kim Suk Young House

Important Folklore Material No. 96

Chosun period(the early part of 19th century)

이 집은 초가삼간으로 아주 소규모로 축약된 집이다. 칸반 크기의 부엌, 큰방, 작은방으로 이어지고 큰방과 작은방앞에 툇마루가 있는 3칸전퇴집으로 이 마을에 가장 많은 평면형이다. 특히 이 집은 서까래를 대나무만으로 한 낮고 작은, 성안의 형편이 넉넉치 못한 사람들이 살던 집이다. 남향한 안채 앞쪽 길거리에 쌓은 돌각담에 의지하여 장독대, 헛간, 닭장 등이 계속되고 있다. 전형적인 토담집의 하나로 외벽은 작은 산돌들을 섞어 맞담과 외담을 쌓아 풍우에 대비하였다. 큰방과 작은방사이의 샛문을 낸 점이 특이하다. 작은방 앞의 툇마루를 단절시켜 작은방의 아궁이를 전퇴에 시설하는 것은 안방과 웃방을 한 구들로 부엌아궁이에서 연결되는 중부지방 3칸집과 다른 이지방 3칸집의 특색이다.

헛간옆으로 난 원래의 사립문
Original brushwood gate by the storehouse

안채 정면
The front view of main building

안채의 측면
The side view of main building

최대용 가옥

전라남도 승주군 낙안면 동내리 283

중요민속자료 제 97호. 조선시대(19세기 중엽)

Choi Dae yong House

Important Folklore Material No.97

Chosun period(the middle part of 19th century)

    최대용 가옥은 향교로 가는 대로에 닿아있어 통행이 빈번하고 크고 작은 점포들이 즐비하였던 동문 으로 가는 대로변에 있는 점포중의 하나로 다른 집들에 비하여 옛 형태를 지니고 있다. 낙안성내외에는 드문 ㄱ자형의 평면이다. 큰길에 면한 1칸이 점포자리이고 이어서 방 1칸이 있고 점포에서 몸채로 이어지는 곳에 아주 작은 골방이 있고 ㄱ자로 꺾이는 곳에 헛간이 있고

다음이 안방이다. 안방옆 넓은 부엌의 부뚜막은 방쪽 벽에 있고 여기에서 땐 불이 방고래를 한바퀴 돌아 다시 부뚜막쪽으로 나오면서 굴뚝으로 빠지게 되는, 부뚜막에 굴뚝이 설치되는 남방형이다. 부엌 앞쪽에 있는 장독대는 두텁게 쌓은 낮은 맞벽으로 감싸게 하였는데 이는 남해안과 섬지역에서 나타나는 지역적인 특성을 보이는 구조이다.

북측에서 본 외벽
Outer wall of north side

남동쪽에서 본 살림공간 전경
Living quarters of store-house on main street

남문옆에 있는 가옥전경
The house beside south gate

최선준 가옥(崔善準 家屋)

전라남도 승주군 낙안면 동내리 343
중요민속자료 제 98호. 조선시대(18세기 초엽)
Choi Seon Jun House
Important Folklore Material No.98
Chosun period(the early part of 18th century)

　읍성 남문에서 시작되는 주작대로를 따라 북쪽으로
가는 길 첫 번째에 위치하는 집으로 성안에서는 찾아
볼 수 없는 전자(田字)형 평면이다. 대로로 면해 있는
서측벽으로 1칸 크기의 점포를 내었다. 점포의 동쪽으
로 방(안방) 1칸, 안방 앞으로 뜰마루 모양의 퇴가 있
고 점포의 남쪽으로도 방(사랑방) 1칸 있으며 반칸폭
의 퇴가 고설되어 누마루와 같은 분위기이다. 부엌의
남쪽벽 바깥쪽은 상하의 수장공간으로 상부에는 시렁
을 매어 두었다.

가옥의 입구
Enterance view

가옥의 입구
Another view of enterance

정방형 평면인 가옥을 내려다 본 전경
The view of square-plan house

안마당과 살림공간
Courtyard and living quarters

곽형두 가옥(郭炯斗 家屋)

전라남도 승주군 낙안면 남내리 98
중요민속자료 제 100호. 조선시대(19세기 말)

Kwak Hyong Du House

Important Folklore Material No. 100
Chosun period(the late part of 19th century)

성내 초가지붕중에서 면모가 가장 단아하고 사용된 부재도 듬직하며 구조된 형체도 건실한 집이다. 평면은 —자형이며 정면은 5칸반이고 측면은 전후퇴를 포함하여 3칸규모이다. 왼쪽의 부엌은 칸반 크기로 전후퇴까지를 합하여 한 공간이 되었으므로 상당히 넓다. 부엌에 이어 안방 1칸, 고방,건넌방 1칸이며 이어 반칸 퇴로 이 퇴는 전후퇴칸에선 봉당이 되는 미묘한 구조이다. 방과 고방의 앞퇴는 마루를 깔았는데 뒤편의 퇴칸은 봉당인 채로 두어 수장공간으로 활용할 수 있게 되어 있다. 고방은 토벽이나 고방은 판벽에 문얼굴 들이고 판장문을 설치하였다. 고방은 도장이라고 부르며 수장공간으로서 주로 이용되며 이것이 남부해안지방 민가의 특징이다. 고샅이 훌륭하며 정원이 넓고 집이 아름답다.

측면 전경
The side view

사립문
A brushwood gate

굴뚝
Chimney

툇마루와 처마
The veranda and the eaves

성내의 동남쪽 마을 전경
The east-south view of viliage

장종철 가옥
전라남도 승주군 낙안면 동내리 334
조선시대(19세기 말엽)

Jang Jong Cheol House

Important Folklore Material No.100
Chosun period(the late part of 19th century)

성안 동쪽 좁은 대지위에 안채와 헛간, 돼지막으로
이루어진 집이다. 대지 서쪽으로 앉은 안채는 좁은 뒷
마당과 넓은 안마당을 가지고 있다. 서쪽 담장 아래 장
독대가 있고 담장 모서리로 축사가 있다. 동쪽담장 모
퉁이로는 잿간(헛간)이 있다. 출입구는 남쪽 담장 가운
데 안채와 마주보는 위치에 있다. 안채는 우진각 지붕
의 초가로 一자형 전퇴집이다. 간살은 서쪽부터 부엌,
큰방, 작은방, 헛간으로 이루어진다. 부엌과 헛간은 전
면을 개방시켰고, 부엌 후면에는 외짝문을 두어 뒷마
당으로 이어지도록 하였다. 구조는 반5량구조로 퇴보
는 홍예보이다. 처마에는 서까래까지의 앙토바름이 탈
락되어 산자가 노출되어 있다. 잿간은 슬레이트 맞배
집으로 출입구는 개방되어있다. 돼지막은 전면을 죄외
한 3면을 돌벽으로 쌓고 초가지붕을 얹었다.

안채 정면 전경
The front view of main building

서측에서 본 전경
The west view

남측에서 본 전경
The south view

맞담으로 쌓은 부엌벽
outer stone-wall of kitchen

입구와 헛간
Enterance and storage part

사립문
A brushwood gate

성벽을 배경으로 앉은 주택 전경
Panoramic view with castle wall

박봉열 가옥
전라남도 승주군 낙안면 동내리 340
조선시대(19세기 말)
Park Bong Yeol House
Chosun period(the late part of 19th century)

  19세기 말에 지어진 것으로 추정되는 이 집은 읍성의 남동쪽 모서리 부근 성곽 바깥면에 인접하여, 다른 집들과 외따로 떨어져 남서향으로 위치하고 있다. 집 전체가 흙돌담으로 둘러싸여 있고 담 안에 안채와 앞마당만이 있고 안채와 떨어져 뒷간이 있다. 안채는 모방집으로 전체가 ㄱ자형인데 오른쪽에 큰방, 왼쪽에 부엌, 부엌 앞으로 모방을 두었다. 기단은 낮고 원형의 초석을 사용하고 구조는 반5량구조이며 초가 우진각지붕이다.

입구에서 본 안채
Main building from the view of a brushwood gate

도로에서 본 안채 정면
The front view of main building

강현세 가옥

전남 승주군 낙안면 남내리 131
조선시대(19세기 중엽)

Kang Hyeon Se house

Chosun period(the middle part of 19th century)

　남내리 이장집으로 건축시기는 19세기 중엽으로 추정된다. 낙안 읍성의 서남쪽 모서리 부근에 위치한다. 낙안마을의 집들이 비교적 작은 대지에 터를 잡은 것에 비해, 이 집은 넓은 대지와 안채, 사랑채, 축사, 헛간채로 구성된 튼ㅁ자형 배치를 하고 있다. 안채는 대지의 북쪽에 넓은 앞마당과 작은 뒤안을 포함한다. 사랑채는 앞마당을 사이에 두고 안채의 건너편에 위치하고 뒷간채는 사랑채 오른편 구석에 있다. 출입구는 축사의 남쪽면과 사랑채 사이에 있으며 대문은 없다. 안

채는 작은 초가로 부엌, 큰방, 작은방, 헛간으로 구성되고 작은방과 헛간이 앞으로 물려져 나와 ㄱ자형 평면을 이룬다. 큰방에는 전퇴가 있으며 작은방으로 통하는 문이 있고 툇마루와 부엌 사이에는 판벽을 두었다. 안채지붕은 초가 우진각지붕이다. 사랑채는 2개의 방과 곳간으로 된 3칸 구조로 기와를 올린 우진각지붕을 하고 있다.

　현재의 안채는 최근의 개축을 통해 동내리의 장종철 가옥과 똑같은 ㅡ자형 전외집으로 변해버렸다.

안채 측면과 돌담길
The side view of main building and stone-fence

안채 정면
The front view of main building

안채 전경
The view of Main building

안채의 후면
The rear view of main building

뒷마당
Back garden

낙안객사 정면
The front view of lodging house for government officials

낙안 객사 전경
Lodging house for government officials

동헌
내아

◀낙안 동헌
Local government office in Nag-an cactle

낙민루와 동헌
Rear view of Nakminnu pavilion and local government office

동문과 동문밖 평석교위의 석구
East gate and stonedogs on the stone bridge

평석교앞에는 석구(石拘) 2기가 보존되어 있는데 이
는 원래 3기가 있던 것으로 풍수지리상 오봉산이 너무
험준한 까닭에 그 기세에 대웅코자 석구를 만들었다고
한다.

동문
East gate

남문
South gate

동문
East gate

서문터
The old place of west gate

여담까지 막돌로 쌓은 성담
Castle wall

남문과 바로 연접한 최선준 가옥
The side view of south gate and a house

남문과 성벽
South gate and castle wall

성벽
Castle wall

동문앞 석구
The stonedog in front of east gate

144

임경업장군비각
Tombstone of general Iym kyeong uhp

고샅 전경
The view of a narrow alley

　고샅은 바깥길에서 대문으로 이르는 길로서 제주도
의 올래와 같이 개인소유의 의미가 약화된 몇집 공동
소유의 전이공간이라고 할 수 있다. 남해안 지역에 이
러한 고전적인 공간형태를 많이 볼 수 있는데 이 마을
에서 특히 두드러지는 점이다.

고샅 전경
The view of a narrow alley

막돌로 쌓은 나즈막한 돌담과 고샅은 초가이은 민가
와 함께 민속적 분위기를 잘 나타낸다.

마을 안길의 돌로 쌓은 초가집 외벽과 돌담
Outer stone-wall of tatched house and stone fence

주작대로의 돌담과 초가집과 사립문
The view of main street in village

남내리 큰샘과 빨래터
Well in south of village

남내리 우물
Well in village

마을내 노거수
The old tree in village

마을내 노거수
The old tree in village

노거수
The old tree in village

성밖 노거수 숲
The forest of old tree out of castle

성밖 노거수 숲
The forest of old tree out of castle

월성 양동 마을

월성 양동(月城 良洞)마을

경북 월성군 강동면 양동리
중요민속자료 제 189호, 조선시대(15~16세기)
Yangdong mauel, village, Wolsung

Kyeongsangbuk -do , lmpotant Follklore Material No.189

Chosun Period (15th~16th)

　양동마을은 경주에서 형산강 줄기를 따라 동북 포항쪽으로 40리 들어가서 위치하는 마을로 월성손씨와 여강이씨의 양대문벌로 이어져 내려온 이들 양성의 동족부락집단이라 할 수 있다. 입향조인 양민공(襄敏公) 손소는 장인인 유복하의 상속자로 이 마을에 들어와 손씨 입향조가 되었으며 양민공의 딸이 여강 이씨 번에게 출가하여 이후 여강이씨 종가를 이루었다. 양동마을의 입지적 특징은 넓은 안강평야에 임한 물(勿)자형 산곡이 성주에서 흘러드는 형산강 물줄기를 서남방의 역수(逆水)로 맞는 지형으로 이 역수는 이 마을의 끊임없는 부의 상징이라고 한다. 일차적으로 역수지부(逆 水 之富)의 상징은 안강평야로 옛날에는 넓은 안강평야의 옥답의 대다수가 양동반가들의

소유였으므로 양동은 구신분제도 사회에서 많은 소작인과 하인들을 거느린 양반들이
세기하기에 알맞은 마을이었다. 양동은 종가일수록 산등성이의 높고 넓은 터에 위치
하는 반가의 배열법도에 따라 구성되어 있으며 마을에 남아 있는 30동이 넘는 200년
이상의 역사를 지닌 큰 집들은 그 주위에 솔거노비의 주거로 행랑채를 두거나 외거노
비의 살림집인 가랍집을 두었다. 양동은 양반가옥으로 손색없는 대가, 가옥과 지형적
인 경관, 그리고 양반의 권세의 상징으로 보존해 온 종가, 정자와 함께 제실, 비각, 족
보, 문집, 고문서, 위토답 등을 중심으로 유가적인 사상과 관습을 강하게 유지해 온 점
이 반촌으로 유명하게 하는 것이다.

손동만 가옥(孫東滿 家屋)
경상북도 강동면 양동리 223
중요민속자료 23호, 조선중기
Son Dong Man house
Important Folklore Material No. 23
The middle part of Chosun period

송첨 혹은 서백당으로 불리는 집으로 입향조인 양민공 손소 선생이 건립한 집으로 우재 손중돈과 회재 이언적이 태어난 곳으로 '명현출생계승설' 이 지금까지도 계속되는 집이다.

안골 중심의 산중턱에 자리잡은 이 집은 一자형의 행랑채와 ㅁ자형의 몸채가 전후로 나란히 배치되어 있다. 행랑채는 정면 8칸, 측면 1칸으로서 오른쪽에 광을 두고 그 옆에 대문간을 두었다. 대문간 왼쪽으로는 마루 1칸, 방 2칸이 있어 행랑채 구실을 하며 그 옆에 합실과 광이 이어져 있다. 몸채는 정면 5칸, 측면 6칸의 ㅁ자형 평면으로 중앙에 중문을 두고 왼쪽에 2칸 고방과 오른쪽에 1칸 사랑방, 1칸 사랑대청이 있다. 2칸 부엌과 3칸 안방은 남서향으로 자리잡고 ㄱ자로 꺾이어 6칸의 안대청과 2칸 건너방이 이어져 있다. 건너방 앞에는 고방과 그 앞에 마루와 방이 사랑대청과 연결된다. 부엌의 북쪽으로 장독대와 헛간이 있다. 사랑마당 동북쪽 높은 곳에 사당 3칸이 자리잡고 있다.

행랑채는 낮은 벽돌기단위에 놓여있는데 3량구조로 홑처마에 한식기와 맞배지붕이다. 몸채는 행랑채보다 매우 높은 기단위에 있고 홑처마에 한식기와 팔작지붕 모양 합각을 안들였으나 사랑채에서는 맞배지붕을 이룬다. 사랑대청에는 아(亞)자 평난간을 설치하고 방과 사이에 용자살 정방형 불발기사분합을 달았으나 대청 양면에는 아무 창호도 없어 환히 들여다 보인다. 안채 대청에는 창호가 없으나 후면에 판장문을 달았고 안방에는 다락을 만들어 대청쪽으로 작은 창을 내었다.

행랑채와 사랑채
Servant's part and Men's part

사랑채는 모서리에 대청을 두고 2면에 방을 배치한
형태로 대청에 면한 문은 사분합들문으로 하여 전체가
통할 수 있도록 하였다. 대청은 누마루와 같이 전퇴에
난간을 설치하였다. 사랑방앞 전퇴와 안채로 들어가는
중문이 만나는 곳은 퇴 끝에 판장문을 달았다.

사랑마당에서 본 행랑채와 사랑채
Servant's part and men's part from the view of outer-
garden

본채가 행랑채보다 높은 기단에 있어 위계를 나타낸
다. 사랑채와 안채를 시각적으로 구분하기 위해 사랑
방옆으로 간담을 설치하였다. 사랑방 앞의 새끼줄을
매단 시설을 설치한 것으로 보아 상청임을 알 수 있다.

대문간과 사랑대청
Enterance part and main floor of men' s part

중문간에서 본 안채
Women's part from the view of courtyard gate

낙선당(樂善堂)

경상북도 강동면 양동리 216

중요민속자료 73호. 조선중기(1540년)

Nakseondang House at Yangdong

Important Folklore Material No. 73

The middle part of Chosun period(1540 A.D.)

    월성손씨의 종가인 손동만가의 북쪽 산중턱에 자리 잡고 있는 낙선당은 우재 손중돈 선생의 망재인 손숙돈 선생이 분가했던 집으로 현재는 낙선당 손중로 선생의 종가집이다.

    ㅁ자 안채와 중문간 행랑채와 작은 중문을 사이에 두고 ―자 사랑채가 연접해 있다. 대문채는 3칸으로 가운데가 문간이고 남쪽 1칸은 행랑방이며 북쪽은 외양간이다. 중문간 행랑채는 정면 7칸, 측면 1칸으로 중앙문에 중문을 두고 좌우로 모두 광을 두었다.대문간채과 중문간행랑채는 3량집에 홑처마이고 한식기와를 얹은 맞배지붕이다. 대문채 앞의 사랑마당이 넓은 점은 농업중심의 경제활동을 중시여겼음을 시사한다. 안채는 안방,대청,건넌방,부엌으로 구성된다. 전체적으로 연속된 채로 보이나 각 채가 독립되어 건축되었다. 사랑채는 낮은 기단위에 ―자로 세운 정면 5칸집으로 대부분의 큰집들이 높은 기단위에 세우는 통례에 반한 드문 예이다. 대문과 사랑채 및 안채가 모두 서향이며 물(勿)자의 한획에 해당되는 산줄기를 등진 배산임계의 원칙에 맞는 집으로 전반적으로 실용에 치중한 구조를 보인다.

사랑채 - 사랑방
Rooms of Men's part

사랑대청
Main floor of Men's part

　전면만을 개방시키고 판장문을 달았다.이 가옥의
당호인 '낙선당' 편액이 걸려있다. 뒷면 판장문위로 감
실이 보인다.

사랑대청 세부
Details of main floor of Men's part

문간채과 광채
Enterance part and storehouse

안채
Women's part

사랑채에서 안채로 통하는 쪽대문에서 봄
The view from side gate

  맞은편에 보이는 판장문의 광은 ㄷ자 안채의 끝칸이
고 오른쪽이 안대문이 있는 행랑채이다.

아래채측벽 ▶
The wooden-sidewall of storehouse

판벽으로 처리한 광이 있는 아래채와 ㄷ자형 안채사
이에 사랑채와 연결되는 쪽대문이 보인다.

뒷마당에서 본 안방의 창호와 굴뚝
Main room's door and chimney from the view of backyard

전경
Panoramic view

누마루
Rail floor

◀ 무첨당
경상북도 강동면 양동리 181
보물 제 411호 . 조선중기
Mucheomdang house
Treasure No 411. the middle part of Chosun period

북촌의 중앙 산등성이에 자리잡은 무첨당은 이언적 선생의 아버지 이번선생이 살던 집으로 여강이씨 대종가이다. 별당채인 무첨당과 종가 본채, 그리고 사당으로 구성되었는데, 무첨당은 이언적 선생이 후에 세운 것으로 방, 대청, 방을 일렬로 늘어놓고 누마루를 ㄱ자형으로 돌출시켰다. 본채는 ㄷ자평면의 행랑채와 ㄷ자형의 안채가 인접되어 전체적으로 ㅁ자배치를 이룬다. 무첨당 앞마당을 지나 몸채에 이르면 사랑채와 행랑채 사이에 세운 중문을 통해 본채의 앞마당에 이르게 된다. 중문 왼편에 있는 사랑채는 대청 1칸, 사랑방 2칸이 있고 광을 구석에 두고 꺾여 안채의 건너방과 연결된다. 안채는 제일 구석에 부엌을 두고 부엌 왼쪽으로 안방과 대청을 두었고, 오른쪽으로는 방과 마루방을 1칸씩 두었다. 사당은 안채 뒤로 계단을 딛고 높직히 올라가서 삼문을 통해 들어갈 수 있는데 전형적인 사당 평면을 가지고 있다. 무첨당은 높은 기단위에 초석을 놓고 두리기둥를 세웠는데 내부와 온돌방 뒷면에는 네모기둥을 사용하였다. 기둥위에 배치된 공포는 초익공 계통이며 5량구조에 홑처마 팔작지붕으로 되어있고 누마루가 달린 쪽지붕은 합각을 만들어 놓았다. 대청전면은 개방되었으나 뒷면에는 판장문과 벽을 달았다. 몸채와 행랑채는 홑처마 맞배기와지붕이고 몸채의 지붕은 특히 꺾이는 부분에 합각을 이룬다.

176